CHEMISTRY DETECTIVE KING

化学侦探

智破黄金案

吴殿更　著

CIS 湖南教育出版社

·长沙·

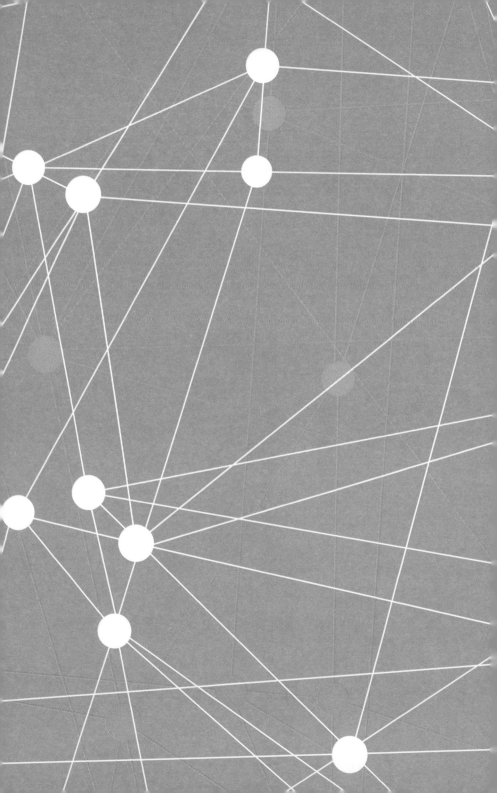

故事发生在H市，这是一个美丽的海边小城。主人公路建平、申筝奕和尤勇齐都是H市中学八年级（3）班的学生。他们因为联手解开了学校里的几个谜团，被同学们称为"少年侦探团"。上学期间，他们遇到了一个又一个离奇的案件，也由此开启了一段段惊险刺激的"破案之旅"。

人物档案

路建平

少年侦探团成员。受父亲的影响喜欢研究化学，擅长透过表面现象分析事物本质。

申笨奕

少年侦探团成员。希望长大后当警察。古灵精怪的小脑袋里总有一些奇思妙想。

尤勇齐

少年侦探团成员。别看他头脑好像不灵光，却经常可以在关键时刻误打误撞得到一些意外收获。

目 录
CONTENTS

抢劫案告破

金店危机 1

H市是一座美丽的海滨城市。人们如果沿着城市的海岸线散步，可以看到远处**海天一色**，仿佛大海与天空**融为一体**，非常**壮观**。

此刻，在沿海的一条公路上，路建平正骑着自行车前行。今天是暑假的周末，他打算去市图书馆找几本跟化学有关的书看。

路建平的爸爸是国内知名大学的化学系教授，受父亲的影响，他从小**耳濡目染**也喜欢研究化学，徜徉在化学的世界里，他觉得一切都是那么的神奇。

他抬头看了看天，时值**盛夏**的午后，正是太阳

最**热辣**的时候，光线十分刺眼，他赶紧低下头骑车继续赶路。

经过一个路口，他看到一个**青春靓丽**的女孩站在路边，正**笑盈盈**地盯着他。

路建平认出这是他的同班同学申筝奕。两人平时关系不错，因为喜欢推理，他们俩还有尤勇齐曾联手解开过班里和学校的几个谜团，被同学们调侃为"少年侦探团"。

路建平望着她，有些奇怪地说："申筝奕，你在这里干什么？"

"专门在这里等你啊！"

"等我？你怎么知道我会路过这里？"

"嘻嘻，你不是每周六下午都要去图书馆吗？所以本姑娘稍加推理，就在这里**守株待兔**，抓你就像我妈抓坏蛋一样，恰似**瓮中捉鳖**，**手到擒来**！"申筝奕夸张地做了个攥拳头的手势，神情**颇为得意**。

　　路建平有些哭笑不得："哎呀，别卖弄你的成语了，快说，什么事？"

　　"跟你借半个小时，陪我去一个地方呗。"

　　"哪里啊？"

　　"金店！"

　　"金店？去那里干什么？"路建平望着她，有些摸不着头脑。

　　"明天是我妈生日，我想给她买个生日礼物。"

　　"哦，你打算送华姨什么礼物呢？"路建平和申筝奕的妈妈华沐兰见过几次面。她可是个名人，是Ｈ市赫赫有名的刑警队长，破过无数大案，是不折不扣的女中豪杰。

　　申筝奕故作神秘地低声说："我打算送我妈一条金项链。"

　　"金项链？你妈妈好像不爱打扮吧。"

　　申筝奕撇撇嘴，说道："谁说的？"

　　路建平望着她说："我见过你妈妈好几次了，

从来只看见她穿着警服的样子，没见她穿过其他漂亮的衣服啊。"

申筝奕叹了口气："那是因为你不了解我妈妈。她平时工作的时候，确实不戴项链，但并不代表她永远不能打扮啊。我看过我爸妈结婚后出去度蜜月的照片，那时她穿了一件轻盈的白纱裙，漫步在海边的沙滩上，微风吹起她的长发，简直美极了！我妈妈一直很疼我，在我小时候总给我买各种漂亮的衣服和玩具，把我打扮得像个小公主一样。可她自己长得那么漂亮，却很少舍得打扮自己，也没有一件像样的首饰。我现在长大了，也懂事了，所以我应该好好孝敬她。

明天是她 40 岁生日，我决定用我的零花钱送她一个大大的礼物，给她一个大大的'surprise'！让我妈妈穿警服时是**英姿飒爽**的英气，穿裙子戴项链时是**窈窕淑女**的秀气！"

"好好好，你妈妈是个大英雄加大美女，那你自己去就好了，干吗找我啊，我今天还有书要看呢。"路建平作势骑车要走。

申筝奕急忙拉住他："哎哎哎，我找你是请你帮我把把关，你不是号称学校的化学之王吗？怎么判断黄金的真假你肯定知道！"

路建平摇摇头："我哪有这么厉害——不过，怎么判断黄金的真假我还真知道一点儿。"

申筝奕眼睛一亮，高兴地说："真的吗？快说快说。"

路建平想了想，说道："不过可能要用到化学试剂。"

申筝奕好奇地问："什么是化学试剂啊？"

路建平解释说:"化学试剂就是实现化学反应、分析化验、研究实验、化学配方使用的化学物质。它可以通过变色测试来帮助我们判断黄金的真伪。"

申笔奕一听就摇头:"不行,这个方法虽好,但太麻烦了。化学试剂咱们都没有,而且就算都有,金店也未必让我们测试呀。"

路建平挠了挠头:"这倒也是。那还有一个简单的方法,可以用磁铁来做测试。黄金没有磁性,如果物体能被磁铁吸引,那就证明它不是纯金的。不过这个方法也是有局限性的,因为无磁性金属还有很多。不能说因为对磁铁没反应,就能证明它是黄金。"

申笔奕喜道:"先别管这么多了,磁铁我家就有,走,先跟我回家一趟,然后再一起去金店。"

"我就不去了。"

看到路建平还是 推 三 阻 四,申笔奕劝说道:

"就请你帮我个忙嘛。咱们不是'少年侦探团'吗？再说了，带着贵重首饰，有两个人也更安全呀。万一有人来抢我的金项链怎么办。"

路建平想了想表示同意，就答应陪她去金店了。

两人先回申筝奕家取了磁铁，然后来到了一家金店。

由于天气炎热，此时金店里人并不多，两人走到一个柜台前仔细看着里面的金项链。

柜台后的女售货员看到是两个孩子，也没太在意他们。

"您好，麻烦您拿这条项链给我看一下。"申筝奕指着一款金项链对她说。

售货员打量了他们一眼，看到他们长得稚气未脱的脸，便望着申筝奕说："小妹妹，你要买金项链？那我问你，你们今年多大啊？"

申筝奕答道："我马上就 15 岁了，他是我的同班同学，我们差不多大。"

售货员笑了笑："你们还没成年，还在读书对吧，那就不可以买黄金饰品哟。"

申笋奕瞪大眼睛说："为什么啊？"

售货员解释说："按照法律规定，你们现在不具备购买黄金的民事行为能力，所以，我不能把金项链卖给你。"

两人解释买项链是为了给妈妈过生日，而且想用磁铁试试黄金有没有反应。售货员夸申笋奕是个孝顺的好孩子，并表示磁铁测试可以演示给他们看。

申笋奕看到金项链对磁铁毫无反应，不由得扭头对路建平说："果然吸不起来，你说的都是真的呀。"

售货员笑了："你们还挺细致的，放心吧，我

们店里的黄金都是千足金，假一赔十。不过你们现在没有大人陪着，我还是不能把金项链卖给你们。"

申筝奕叹了口气，低头琢磨该用什么说辞来打动对方，这时，门口猛然闯进来两个蒙面人。

其中一个蒙面人迅速把店门关上，另一个则举着一把明晃晃的刀，**恶狠狠**地对店里面的人说："打劫！不许乱动！"

店里面的人都惊呆了，一时间**不知所措**。

拿刀的蒙面人扔给售货员一个蛇皮袋，用刀指着她命令道："快，把所有黄金首饰都放到袋子里，快点，否则我就对你不客气！"

售货员**脸色惨白**，在蒙面人的威胁下，不得不双手**颤抖**地把金饰放进袋子里。

路建平和申筝奕二人慢慢退到一个角落。申筝奕紧咬着嘴唇，双手紧紧地扣在一起。路建平虽然心里害怕，但依然强作镇定，用身体挡在申筝奕的前面。

拿刀的蒙面人看到是两个初中生，也**不以为**

意，继续用刀威逼着店里的店员。

蛇皮袋很快就装得鼓鼓的。

这时，负责把门望风的蒙面人突然说了一句令全场人震惊的话："天哥，我们这样做是不是犯法啊？"

那个叫天哥的蒙面人气极了，大喝道："细毛，你脑袋有毛病啊，不是犯法我们来干吗？你别在这个时候发神经啊！"

这两人是要干吗？表演小品吗？路建平和申筝奕两人**面面相觑**。要不是气氛太过紧张，申筝奕简直要笑出声了。

细毛声音颤抖地说："我的瞎眼老妈还在家里等我回去打鱼呢，咱们先把刀收起来吧。"说着他走向天哥，想夺掉天哥手里的刀。他没留神自己的手里也举着匕首，"哧"的一声割破了天哥的左臂，顿时划出一道长长的血痕。

天哥简直气炸了，反手就给了细毛一刀，也割到他的左胳膊上，一道鲜血立刻冒了出来。

这一切都发生在电光石火之间，店里所有人都目瞪口呆，做不出任何反应。

路建平紧张地望着那两个歹徒。阳光从窗外投进来，映照在他们的胳膊上，让渗出的鲜血显得异常鲜红。

天哥怒吼道："你这个呆子，回头再跟你算账！"他一把从柜台前夺过蛇皮袋，然后扭头推开店门迅速往外冲去。细毛也回过神来，赶紧转身追了上去。

两人跳上一辆没有牌照的摩托车扬长而去。

店里的店员如梦初醒，赶紧打电话报警。

光天化日之下，在 H 市发生黄金劫案是非常

罕见的。警察署的刑警队长华沐兰迅速带着队伍来到金店，马上勘查现场、拍照取证、问询目击者。

申筝奕他们作为目击者也接受了警察的问询。警员小李问得很仔细，当听到劫匪内讧时，特地问了一句："你看到他们流血是吗？"

申筝奕点点头："是的。"

"血流得多吗？"

"不多，就是一道血痕。"

小李又问了几句，然后说："好的，你先回去吧。保持联系，有什么新情况可以随时跟我们警方沟通。"

申筝奕叹了口气，一抬头看到妈妈正在仔细勘查金店现场，仿佛看到了救星，赶紧奔过去，语带哽咽地喊了声："妈！"

华沐兰发现女儿居然出现在这里，很是诧异，厉声问道："奕奕，你在这里干什么？不知道这里很危险吗？"

申筝奕低着头轻声说："我，我在这里买项链。"

华沐兰一听火更大了："一个小孩子你买什么项链，哪来的钱啊？"

"这是我平时攒着舍不得用的压岁钱、零花钱！"申筝奕满脸通红，委屈得快掉眼泪了。

站在一旁的路建平赶紧说："华阿姨，明天是您生日，所以申筝奕想买一条金项链作为礼物送给您。"

听了他的解释，华沐兰的疑虑顿时化作一缕柔情，她俯身搂着女儿，轻声说道："谢谢你，宝贝。可是妈妈不需要这个东西，你刚才买了没有？"

"还没有，售货员阿姨说我年纪太小，不卖给我。"申筝奕低着头，像个做错事的小孩子。

"没买到就好。宝贝，这里现在不安全。你和建平先回去吧。"华沐兰说完就走开了。

看到妈妈态度那么坚决，申筝奕只好和路建平一起沮丧地离开了金店。

一路上，两人骑着自行车，默默无语。

申筝奕望了望天，长叹一口气："我真是个乌

鸦嘴，真的有人来抢金项链啊。"

路建平一直在沉思，突然说了句："申筝奕，你想不想破案，抓到那两个坏家伙？"

"当然想啊，在本姑娘**精心准备**生日礼物的时候干这种事，我恨不得马上抓到案犯，才能出了这口恶气！"

路建平点点头说道："那我们在附近找个地方坐下来，仔细推理一下。对了，我们叫上尤勇齐一起吧，如果不叫他，被他知道又该没完没了地抱怨了，怎么说咱们三人也是响当当的少年侦探团嘛。"

申筝奕兴奋地一挥拳头，大喊："好啊，我们少年侦探团，再度出击，耶！"

路建平看着申筝奕的兴奋劲儿又来了，无奈地摇头笑了笑。

你知道磁铁的用途吗？

　　磁铁是一种可以吸引铁、镍、钴等金属的物体。我们的祖先是最早发现并使用磁铁的。早在战国时期，人们就利用天然磁铁发明了指南工具"司南"，它后来被称为我国的四大发明之一。

　　后来人们根据磁铁的特性发现了磁性，进而研究出了人造磁铁，并将其广泛地应用在当代的生活中。小到磁带、扬声器、手机、存折，大到磁悬浮列车、雷达、隐形战斗机之中，都有磁铁的身影。

两个嫌疑人 2

路建平和申笨奕骑着自行车来到了尤勇齐家楼下。

路建平想停车上楼，申笨奕却直接抬头大喊："尤勇齐！"

路建平望着她，有些不解地说："你不上去敲门，怎么知道他肯定在家？"

申笨奕偏着头，略带**俏皮**地笑着说："尤勇齐这家伙平时就喜欢窝在家里。大暑假的，他肯定在家睡大觉呢。"

果然，一个圆圆的脑袋从 3 楼的窗户探出来，

正是尤勇齐。当他看到是路建平他俩，不由得兴奋起来，大喊："又来活儿了吗？"

申筝奕点点头喊："对，是大活儿！"

尤勇齐眼睛顿时一亮："等我，马上下来！"

他一溜烟儿冲下楼，推出自己的自行车，对他俩一努嘴儿说："Let's go!"

三人正要走，一位面容姣好的中年妇女从 3 楼探出头来说："小齐，你要去哪里啊？"

尤勇齐一看是妈妈顾泉佳，**眼珠一转**，仰头答道："这次暑假作业有点难，我们一起研究数学题！"

他刻意把"数学"这两个字强调了一下。

顾泉佳看到和儿子在一起的是路建平和申筝奕，微微叹了口气，只好说："别太晚，早点儿回来吃饭。"

"知道了，妈！"

三人骑车出发。路建平望着尤勇齐说："你这样哄你妈妈好吗？"

尤勇齐无所谓地摇摇头："不这样说我妈根本不放我出来啊。先别说这个了，快说，什么案子？"

申筝奕叹了口气："黄金劫案，把我和路建平都卷进去了。"

尤勇齐兴奋地一拍车头："哇！这下我们有得忙了！"

三人到一个比较偏僻的街道找了一家奶茶店。他们坐在一个角落，尤勇齐点了一杯珍珠奶茶，路建平和申筝奕则各点了一杯柠檬水。

尤勇齐问他们俩："你们不喜欢喝奶茶吗？"

路建平摇摇头："奶茶不是很健康，味道太甜了，热量又高，容易让人发胖。而且奶茶里有许多氢化

植物油……"

尤勇齐望着他问道："什么是氢化植物油？"

路建平回答说："**氢化植物油是一种人工油脂，包括奶精、人造奶油等**。它不容易被消化和吸收，喝多了会损害记忆力，还可能使血脂增高。"

尤勇齐吸了一大口奶茶，**不以为意**地回复："哼，在你这个化学家眼里，什么都是不健康的，所以你不懂我们'奶茶星人'的快乐啊，天天喝奶茶，快乐似神仙。"

申筝奕接道："还是控制一下吧。你还想不想讨论案情了？"

尤勇齐连忙说："对对对，说正事，说正事！"

申筝奕把刚才在金店发生的事情复述了一遍，还说："这事肯定闹得挺大的，连我妈妈都来了。"

尤勇齐一直在认真听着，听完后**咧嘴**笑了笑："要我说，这事我要在场就简单了，我一拳一个就

把这两个坏蛋撂倒了，哪里还会让他们跑掉啊。"

路建平和申筝奕一听都乐了，路建平捶了尤勇齐一拳："你就吹吧你，真遇到这种事，还是保护自己吧。"

申筝奕止住他们俩："行了，先别玩了，接下来听本姑娘如何破案。"

尤勇齐一听瞪大眼睛："不是吧，你这么快就能破案了？"

申筝奕嘴角一扬，骄傲地说："你也不想想我是谁，作为刑警队长的女儿，我破案自然也有一套了，这种小案子，小意思啦。"

她站了起来，模仿妈妈分析案情的样子，背着手来回踱步，摇头晃脑地说："首先，本案现场只有两个嫌疑人，没有其他同伙。嫌疑人的作案目标也很明确，就是进入店里抢黄金，利用中午店里人少的空子，迅速实施抢劫，然后逃跑。犯罪过程前后不到 5 分钟，并且成功逃脱，说明他们事先经

过了精心谋划和踩点观察，所以才会一击即中。"

尤勇齐翻了翻眼："这有什么啊，这样的推理我也会。"

申筝奕向他挥挥手："别急嘛，小朋友，我马上就说到重点了。本姑娘认为，破案的关键就在于能否先找到那个细毛。"

路建平和尤勇齐异口同声地说："细毛？"

申筝奕肯定地说："对，就是他。从他的表现来看，他肯定是一个初犯。这种人通常有几个心理：一是害怕，二是犹豫。由于知道一旦被抓就要受到法律的制裁，他曾经想悬崖勒马，现在也可能会弃暗投明。"

路建平回想了一下，确实如此，若有所思地说："你说的有一定道理。不过，我有个感觉，他们是不是在演戏啊？"

申筝奕一笑："演戏？演给谁看啊？而且对他们来说，时间分秒必争，多一分耽搁就多一分被

22

抓的风险，没必要演这种动作片和煽情戏。"

路建平呷了一口柠檬茶，点头道："确实，如果他们是在演戏的话也太逼真了，可以获奖了。从目前来看，那个天哥我们现在掌握的情况不多，但那个细毛，我们倒有几个关键线索。"

尤勇齐扭头望着他，迫不及待地说："别卖关子，快说来听听！"

路建平想了想，说道："一、划伤的胳膊，二、盲眼母亲，三、打鱼。咱们这儿是沿海城市，周围有很多渔村，细毛大概率是某个村的渔民。所以要想找到他，我们根据这三条线索去找就好。"

申笋奕拍手大笑："哈哈哈，跟我想的差不多。这就叫英雄所见略同。我再加一个关键词：贫困。能让一个人铤而走险，去犯抢金店这种能判重刑的大罪，他的家庭条件一定是极为贫困的，所以，我们应该先缩小范围，选择最穷的村开始调查。"

路建平眼睛一亮，抬头说道："这个我赞同。

去年我参加过一个本市经济调查，走访那些条件落后的村镇，其中有一个叫淡屿村的我印象深刻。那里基础设施很旧，网络信号也不好，看病上学很不方便，条件真的差极了，一直是我们这里最穷的村。我们可以先去那里看看。"

尤勇齐兴奋地一拍桌子，大喊："那还等什么，我们赶紧出发！"

申筝奕赶忙阻止说："我觉得自己已经很冲动了，你不要比我还冲动好不好。淡屿村离这儿虽然不远，但是现在已经下午了，到了那儿天都黑了，你妈妈还等着你回家吃饭呢。再说了，这些咱们能想到，我妈妈他们肯定也会想到，我们可以明天再去，而且只能悄悄地去，悄悄地走访，说不定能发现他们没有发现的线索。"

三人约定了明天碰头的时间和地点，就回家分头准备了。

离开奶茶店的时候，申筝奕看到路建平若有

疑思，便问道："你在想什么？"

路建平皱着眉头说："我总觉得有什么地方不大对劲，但我一下子也想不起来是哪里。"

申筝奕拍了拍他："想那么多干吗，咱们一点点，走一步看一步呗。"

路建平点点头，长长地呼出了一口气。

谜题

① 细毛是一个为摆脱贫困铤而走险的劫匪吗？

② 路建平认为哪里不对劲？

探访渔村 3

第二天上午，三人一起骑自行车来到淡屿村附近。

为了本次行动的安全，他们打算先向村长询问村子的情况。今天正好是周末，他们寻找村长时，听说他有去海边垂钓的习惯，于是便去海边找他。

淡屿村在海边，现在还没有几条像样的路，坑坑洼洼很不好走，三人只好相互照应着慢慢前行。

路建平和申笋奕还算好，尤勇齐可就惨了，走了没多久就气喘吁吁的，一不小心还差点崴了脚。他喘着气对路建平说："你说的一点儿也没错，这

27

里的路实在太烂了，我如果在这里生活，肯定受不了，恨不得马上搬走。"

路建平看了一眼手机，上面的信号只有一格，非常微弱，叹了口气道："我也找到与世隔绝的感觉了。"

申筝奕走得倒挺快，在前面回头得意地对尤勇齐说："勇哥，你不是咱们组合里的武力担当吗，还一直扬言要保护我们，可现在怎么连我都不如呀。"

尤勇齐咕咚咕咚地往嘴里灌了一大口水，不服气地说："我胖，走平地肯定没问题；可是走这种爬上爬下的海边乱石路就是要了我的命了。我现在全身酸疼，我就不信你们能不痛。"

申筝奕笑嘻嘻地说："哈哈，我就不痛哦。哎，你们看，那人是不是村长，咱们过去问问吧。"

路建平和尤勇齐朝着她指的方向看，果然看到在前面不远处有个看上去约五六十岁的男人，坐在海边的礁石上静静地钓鱼。

三人快步走过去。快走到跟前时，申筝奕示意

让大家停下，自己慢慢靠近男人，轻声问道："大伯，您在矶钓呢。我想问一下，您是村长吗？"申筝奕经常跟爸爸去海边钓鱼，所以知道"矶钓"这种特指在海边岩石或礁石上钓鱼的专业术语。

男人缓缓回头，上下打量了他们一下："对啊，我是村长。闲着没事，钓鱼打发时间。你们找我有事？"

申筝奕答道："村长您好，我们是 H 市中学的学生，来这里做社会实践，当助农志愿者的。"

村长望着她说："助农志愿者？我们村确实穷，你们这些学生娃还挺有爱心的，真是好孩子啊。"

申筝奕微笑着说："您过奖了，我们按照学校的安排，来找一个叫细毛的村民，帮他家做些力所能及的事情。您认识他吗？"

村长低头沉吟着："细毛？我们村里没这个人呀。今天一大早，警察也进村来查一个叫细毛的人，你们找的是同一个人吗？"

申筝奕他们迅速交换了一下眼神。看到路建平微微摇头，于是申筝奕镇定地说："我们要找的那个细毛是一个很孝顺的人，家里还有个失明的老母亲。他一直照顾妈妈，过得很不容易，所以我们想来帮帮他。"

村长摇头："不知道，没有听说过。"

三人不禁有些失望，只好跟村长道谢后转身离去。

他们没走几步路，忽然村长在背后叫住他们："等等，我想起来了，你们说的那个细毛我确实不认识，不过我们村的阿秋婆是个盲眼老太，不知道是不是你们说的细毛母亲。"

三人闻言大喜，赶忙回头奔向村长身边询问具体情况。

据村长介绍，阿秋婆今年七十多岁，多年前患了眼疾双目失明。她的丈夫也早就去世了，只能跟儿子相依为命。她的儿子四十岁左右，是个普通的渔民。不过他不叫细毛，而叫赵有才。

尤勇齐问道："那阿秋婆他们住在村子的哪个地方？您知道吗？"

村长叹了口气，说道："他们不住在这个村子里。"

申筝奕睁着大眼睛问："为什么啊？那他们住哪里啊？"

村长回答说："我们现在住的是新村，条件比老村要好一些。阿秋婆他们家比较困难，盖不起新房子，所以还住在老村里。如果你们找的是这个人，确实应该多帮帮他，他们家过得实在是太苦了。"

申筝奕看着他说道："我们对这里不熟，村长，您能带我们去吗？"

村长说："我正有此意，让你们几个学生娃自己去，我也不放心。正好我也有好久没见阿秋婆了。"

他收拾好钓鱼的渔具，带着他们朝前走。

趁着村长在前方带路的时候，申筝奕轻声说道："如果那个赵有才真的是劫金店的细毛，我们还抓不抓他啊？"

尤勇齐攥了攥拳头，也轻声说："当然抓啊，犯了罪必须被**绳之以法**。"

申筝奕叹气道："可是，他家里失明的老妈妈该怎么办啊？"

尤勇齐不吭声了。三人默默地走着。海浪**拍打**着礁石，发出一阵阵**哗哗**的声音。

走了十多分钟，三人在村长的带领下来到了老村。这里到处长满了杂草青苔，很多房子都已经**空无一人**了。路边的一堵堵墙**沉默**地**紧紧相连**，仿佛在述说这个村子曾有的**热闹**和**喧嚣**。

快到阿秋婆家的时候，申筝奕注意到这里的墙跟其他的墙不同，**湿漉漉**的像被水泼了一样。她问道："奇怪，最近也没有下雨，这墙怎么是湿的？"

路建平看了一眼，说道："这堵墙大概刚刷了**氢氧化钙**不久——"

尤勇齐瞪着他说道："氢氧化钙？那是什么东西？化学家，你别说得那么深奥好不好，我听不懂。"

路建平解释说："**氢氧化钙俗称熟石灰，经常用来做漂白粉或建筑材料**。当它暴露在空气里就会生成一种更坚硬的物质，同时还会产生水，所以墙会**湿乎乎**的。"

申筝奕**恍然大悟**地点头："哦。"

村长看着他笑着说："你这孩子懂得真多。"

听到了他们的说话声，屋子里传出一个苍老的声音："谁啊？"

村长答道："是阿秋婆吗？我是关云忠啊。"

屋子里传出来阵阵咳嗽声。

阿秋婆**费劲**地说道："哦，是村长啊，有事吗？"

村长答道："我带了几个初中生来看看你。"

申筝奕接着他的话说道："奶奶您好，我们是

H市中学的学生,受学校的委托,来您这儿当志愿者。"

阿秋婆有些糊涂了:"志愿者?什么是志愿者?"

尤勇齐赶紧抢着说:"就是来帮您干活的!"

"哦,帮我干活做好事啊。谢谢你们了,快请进。"阿秋婆这回听懂了。

屋子不大,光线昏暗,空气中弥漫着一股难闻的味道。爱干净的申筝奕忍不住耸了耸鼻子。

一位老婆婆躺在床上,挣扎着坐起来,口中道歉不已:"对不起啊,我老太婆是个瞎子,看不见你们,没法给你们倒水喝,村长,就麻烦你招呼一下这几个孩子啊。"

众人连忙止住阿秋婆,自己找地方坐了下来。路建平环顾了一下四周,只见家具**陈旧不堪**,到处**灰扑扑**的,墙上贴着一幅长寿松的年画,**破破烂烂**的也不知道挂了多少年了。

他轻轻叹了口气,心想这真的是**家徒四壁**啊,于是转头问阿秋婆:"老奶奶,您的儿子不在家啊?"

"我的儿子？你说细毛啊？他出去打鱼了。"

细毛！路建平他们互相对望，不由得又惊又喜。

村长说道："哦，你叫他细毛啊，我一直只知道他叫赵有才呢。"

阿秋婆笑着说："对啊，赵有才是我儿子的大名，细毛是我叫他的小名，外人也没几个知道的。"

众人点点头，她接着说："一会儿他就回来了，等会儿我让他给你们做鱼吃啊！他做的鱼汤可鲜了！"

村长笑着说："太巧了，我也钓了些鱼过来，刚好一起吃午饭，我先去厨房收拾一下啊。"

村长去厨房弄鱼，路建平他们则开始在阿秋婆

的屋里屋外进行清洁打扫。

阿秋婆家里已经很久没有这么热闹了，她虽然看不见，但笑盈盈地望着声音传来的方向。良久，她忍不住用袖子抹眼泪。

申筝奕一边开窗通风，把外面的清新空气放进屋子里来，一边低声对路建平说："不管她的儿子是不是真凶，我以后一定经常来看阿秋婆，给她带些好吃的，替她做点事情。阿秋婆实在是太可怜了。"

路建平点点头说："应该的，我也一起。"

正在洒水扫地的尤勇齐也听到了他们的悄悄话，也轻声说："算我一个！"

三人点点头，彼此**会心一笑**。

太阳在天空上慢悠悠地走，很快就到了晌午时分。这时，门外有了动静。

阿秋婆笑着说："细毛回来了。"

一个结实的男子走进屋内，四十来岁的他**皮肤黝黑**，脸上写满了**风霜**和**沧桑**，略有些**混浊**的眼睛里带着丝丝疲惫。

　　路建平和申笋奕觉得他的身形和昨天在金店里见到的那个细毛差不多，于是不约而同地看他的胳膊。

　　男子左臂上缠着一条还往外渗血的厚厚绷带，绷带下露出些许刀痕！

运动后身体为何酸痛？

　　许多人在运动后会出现全身酸痛的感觉。这是因为运动时肌肉会进行收缩和舒张，导致肌肉的疲劳和微小损伤，同时肌肉中会产生乳酸（一种有机化合物，广泛存在于人体、动物、植物和微生物中，在多种生物化学过程中起作用），乳酸的积聚会导致肌肉酸痛。另外，不正确的姿势、过度运动或者缺乏热身等也可能导致肌肉拉伤或损伤，引起全身酸痛。

诊所疑云 4

那个男人看到屋子里多了几个人，不由得一怔。

阿秋婆笑着对他说："细毛啊，这几个是 H 市中学的学生，来我们家帮忙干活做好事的。你老关叔也在厨房弄鱼呢，你赶紧去和他一起生火做饭，蒸炒一些海鲜，弄些鱼汤好好谢谢他们啊。"

男子答应了一声，看向他们的眼光似乎柔和了一些，但依然带着一丝警惕。

路建平连忙说："赵叔叔，不用麻烦您了。我们是按照学校的要求来这里做社会实践，当志愿者的。

听说您这边条件比较艰苦，所以我们几个就主动来这里了。"

申筝奕也说："是啊，这些都是我们应该做的。时间也差不多了，我们该走了。"

阿秋婆忙说："别着急啊，吃了饭再走。难得来一趟，我们这里的海鲜可好吃了。"

赵有才也说："是啊，谢谢你们大老远的过来帮忙，虽然我家条件是差了点，但不请你们吃顿饭是怎么也说不过去的。"

尤勇齐望着男子肩上扛着的背篓里装得满满的鱼虾，咽了咽口水，飞快地向路建平和申筝奕使了个眼色，抢着说："那我们就不好意思地打扰了。大中午的，我的肚子也确实有点儿饿了，还别说，我最爱吃海鲜了。对了，化学家，海鲜，为什么这么鲜啊？"

路建平说道："因为海里的鱼类、甲壳类和软体动物，都含有相当高的氨基酸。"

尤勇齐打断他："氨基酸是什么？"

路建平答道："氨基酸是一种重要的有机化合物，是组成**蛋白质**的基本单位。"

尤勇齐还是有些迷糊，索性**打破砂锅问到底**："有机化合物又是什么？"

路建平耐心地解释说："有机化合物是生命产生的物质基础，地球上所有的生命体都含有有机化合物，如脂肪、蛋白质、糖类等。一般来说，海洋动物氨基酸含量高，跟海水的高盐高浓度相平衡才能生存。海洋生物含的氨基酸有些有鲜味，有些有甜味，最终形成了海鲜特殊的风味。"

"哦，难怪，说得我更口水直流了。"尤勇齐**盯着**一篓子海鲜，**夸张地吞着口水**。那种**垂涎欲滴**的样子，逗得大家都笑了起来。

赵有才走到厨房，跟正在切鱼片的村长打了声招呼，开始生火做饭，路建平和尤勇齐帮他打下手，申笃奕陪阿秋婆说话。他们三人一边忙活，一边从侧面

偷偷观察赵有才。

赵有才话很少，跟村长没说几句话，也没向他打听他们三人的情况。整个房间里，基本就只听到申筝奕和阿秋婆的说话声。申筝奕这孩子挺能说会道的，小嘴又甜，时不时惹得阿秋婆开怀大笑。

吃饭的时候，路建平有意无意地问赵有才："赵叔叔，您平时都忙些什么呢？"

赵有才说："我平时自然就是出海打鱼呀。"

申筝奕紧接着问："那昨天也是出海打鱼吗？"

"当然。"赵有才回答得很干脆，神情也很自然。

吃完饭，路建平他们帮赵有才一起洗碗。申筝奕装作很随意地了问了一句："赵叔叔，您胳膊上的伤是怎么弄的啊？"

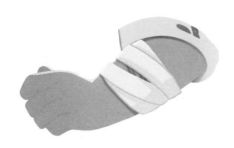

赵有才脸色突然阴沉下来，简短回答："刀割的。"

申筝奕还想再问，赵有才把碗洗好放到碗柜，一脸不高兴地说："不要再提这个了。"说完就转身离开了。

过了一会，三人告别了阿秋婆、村长他们，离开了赵有才的家。在回去的路上，三人都在默默思考着。

申筝奕率先打破沉默，问路建平："你觉得赵有才是昨天咱们在金店里遇到的那个细毛吗？"

路建平犹豫了一下："我觉得那个细毛身型跟这个赵叔叔差不多，声音嘛，好像也像……"

尤勇齐不耐烦地说："什么叫好像也像。你们昨天在现场，你觉得他认出你们了吗？"

路建平摇摇头："我们离得比较远，那个细毛一直在门口把风，估计没有看清我们。"

尤勇齐连连摇头："又是估计，搞了半天，你们现在还是**一头雾水**啊？"

申筝奕不满地说："谁说的。我已经心里有数了，

现在我来说结论吧：这个赵有才就是劫匪！"

看到他们在看着她，申筝奕理了一下思路，**振振有词**地说："首先，犯罪嫌疑人赵有才无论身高、体型、名字、家庭背景、居住环境，都跟昨天我们遇到的劫匪细毛情况十分吻合，也跟我们之前分析的**一模一样**，作案动机是十分充分的。其次，这个人十分狡猾，警惕性很高，一直在试图回避我们的问话，尤其在关键的胳膊伤口问题上拒不回应，十分可疑。说实话，我现在就想给我妈妈打电话了，尽快部署警力前来抓捕，这个人有重大作案嫌疑！"

尤勇齐**一拍大腿**，大叫道："那还犹豫什么，赶紧打电话啊！我觉得我们今天可能已经引起了他的警觉，动手晚了说不定他就逃跑了。"

申筝奕神色突然黯淡了下来："可是，我一想到阿秋婆就有些心软了。如果他儿子被抓走，她一个人孤苦伶仃的，该怎么办啊。"

尤勇齐叹了口气，语重心长地说："申筝奕同学，

遇到问题不要**感情用事**，对待犯罪分子更不能**心慈手软**！"

他转头看向路建平："大化学家，你怎么看？"

路建平思考了一下，说道："我觉得现在还不是动手抓人的时候，因为我觉得目前证据不足。申筝奕说的这些，并不能证明他就是昨天的那个细毛，万一抓错了人，我们怎么面对阿秋婆呀！"

尤勇齐急道："可是你也不能否认赵有才有嫌疑啊，如果他是真凶，难道我们眼睁睁地看着他**逍遥法外**吗？"

路建平摇摇头："那肯定不会。我们不能冤枉一个好人，也不能放过一个坏人。现在最大的难点和疑点，就是要确认一下赵有才伤口的情况。我们可以用一个'**打草惊蛇**'之计。"

申筝奕和尤勇齐异口同声地说："**打草惊蛇**？"

路建平点点头："对，我们可以找一个有经验的医生，以帮赵有才治伤为名查看他的伤口。如果

他拒绝让医生查看，就说明他**心里有鬼**。"

申筝奕拍手赞道："没错，不放过坏人，更不能冤枉好人。不过，去哪里找这样的医生呢？"

路建平**胸有成竹**地说："我有办法。我妈妈的老同学薛慕骅在城里开了个诊所，离这个村不远。我跟薛叔叔很熟，他人很好的，一定会帮这个忙。我一会儿给他打电话，如果他有空，我们明天请他过来给赵有才看伤口。反正现在是暑假，我们有的是时间。**黄沙百战穿金甲，不破楼兰终不还！**"他坚定地挥了一下手。

尤勇齐兴奋地一把抱起他："哎呀，大化学家，我对你的敬仰，真是如滔滔江水连绵不绝啊！"

第三天，三人请到了薛慕骅医生，再次来到阿秋婆家中。

他们到时，赵有才正收拾渔具准备出门，看到又是路建平这几个人，不由得一脸狐疑："你们又来干什么？做好事也不用天天都来吧。"

路建平微笑着说："赵叔叔，这是薛慕骅医生，您手臂上有伤，我请他来帮您看看。"

赵有才连连摇头："不用不用，我这点小伤，不碍事。薛大夫，真的不用麻烦您了。"

他们的对话，屋里的阿秋婆都听见了。她不禁生气地说："细毛你这个犟牛，人家薛医生平时请都请不来，今天大老远来一趟多不容易啊！"

赵有才不敢违抗母亲的意思，只好请大家都进来了。

阿秋婆语气诚恳地说："薛大夫，我听人说，您是这一带有名的医生，请您一定要帮我这个瞎老婆子，治治我的孩子。"

薛慕骅微笑着说："放心吧，我一定好好看。"

阿秋婆叹口气："我们家穷，这孩子舍不得花医药费，所以他处理海鲜时被划伤了胳膊，就挤了伤口自己排毒，再随便包扎一下就凑合了。他说不会有事，但我还是不放心。"

"海鲜划伤？！"路建平他们三人都愣住了。

薛慕骅轻轻解开赵有才胳膊上的绷带，手臂上果然有几道伤口，他立刻拿出医疗器具处理起来。

申笨奕**忍不住**问道："赵叔叔，昨天我问您胳膊上的伤是怎么来的，您怎么不直说啊！"

赵有才一下子变得**腼腆**起来："我，我是我们这一带的捕鱼高手，那天捉了一条大鱼，太兴奋了，处理的时候没留神。我觉得没必要说出去，你们也别往外说啊。"

薛慕骅笑了："放心吧，我一定会为捕鱼大师保守秘密的。不过被海鲜刺中有很大的感染风险，不能掉以轻心，自己处理！目前伤口虽然没有感染，但还是要接受正规治疗。为了安全起见，你等下和我一起回诊所。**性命攸关**,你可千万**马虎不得**。"

赵有才感激地说:"谢谢您,薛大夫。对了,还有你们这几个好孩子。"

他连连点头致谢,路建平他们连忙回礼,似乎还看到了赵有才的眼角了泪花。

回来的路上,申箏奕突然叹了一口气。

路建平安慰她说:"别叹气嘛,好在我们没有冤枉好人,这不是挺好的嘛。我们回去再重新梳理一下案情,不要因为这点小小的挫折失去信心哦。"

"好吧。"申箏奕嘟起了小嘴。

谜题

❸ 赵有才手臂上为什么有刀伤?

❹ 赵有才为什么不让别人看自己的伤口?

额外收获 5

过了几天，"少年侦探团"三人组再次聚集在奶茶店，分析讨论案情。

路建平首先问申筝奕："你妈妈跟你透露了案情的最新进展吗？"

申筝奕靠在椅背上叹了口气："这是全市人民都关注的大案要案，她是一个原则性强的人，怎么可能给我**透露**半个字。我只看到她的眉头皱得越来越紧了。"

路建平点点头，说道："看来警方那边也没什么进展，我们得**另辟蹊径**想些其他办法了。"路建平一只手托着下巴继续说："警方一直在排查胳膊上有伤的男人，他们一定调查了许多医院的就诊记录，但目前应该还没有找到嫌疑人。我们不妨站在嫌疑人的角度思考问题。申筝奕，如果你是嫌疑人，现在受了刀伤需要医治，你会怎么办？"

申筝奕想了想，说道："首先，我肯定不会去大医院。因为去那里需要登记各种信息，就算你用假信息也肯定会留下让警方追踪的痕迹，无异于自投罗网。"

路建平和尤勇齐都点头表示同意。

申筝奕接着说："其次，如果可能，最好的办

法还是在家自己处理或者让同伙帮忙处理，这样安全系数最高，暴露风险也最小。不过，如果伤口比较大的话，有可能会因为处理得不专业导致失去最佳的治疗时机。"

尤勇齐问道："那你觉得那个天哥和细毛的伤口是什么样的？"

申筝奕想了一下，回答道："我看着是一条长长的刀痕，虽然没流多少血，但自己不一定能处理得好，弄不好就会得破伤风。"

尤勇齐问路建平："你妈妈是医生，你知道什么是破伤风吗？"

路建平点点头："破伤风是由于伤口感染引起的一种严重疾病，我妈妈他们医院经常遇到一些得破伤风的病人，还有因为没有及时医治最终死亡的病例呢。"

尤勇齐倒吸了一口凉气："这么严重啊！"

申筝奕望着他俩说："所以，最好的方案，还是找一些偏僻的私人诊所，一方面不会惊动太多人，另一方面也能获得专业治疗。"

路建平和尤勇齐**异口同声**地说："对头！"

路建平对他俩说："其实我也想到了，所以我前几天就跟薛叔叔说过让他留意一下最近有没有可疑的人，因为他那就是一个私人诊所，位置还挺偏的。不过，我就认识这么一位私人诊所的大夫，H市这么大，这样等着嫌疑人上门，比中彩票还难呢。"

申筝奕叹了口气："那也没办法啊，总比我们现在**一筹莫展**强啊。"

这时，路建平的手机收到一条消息，是薛慕骅医生发来的："平平，我们诊所来了两个人。他们说自己胳膊上有刀伤，请我帮忙看看。我看他们**鬼鬼祟祟**的，不知道是不是你要找的人。"

路建平大喜，一跃而起，大喊："哇，真的中彩票了啊！"

半个小时后，他们三人出现在了薛慕骅的诊所。

他们装作前来看病的病人，悄悄观察那两个神秘的人。

那两个人个头不高，看上去**鬼鬼祟祟**的。他们不停地**东张西望**，警惕性很高的样子。

尤勇齐轻声问路建平和申筝奕："你觉得他们像金店劫匪吗？"

路建平仔细观察了一下，微微摇头："我觉得不像。"

申筝奕附和着说："我也觉得不是。"

这时薛慕骅看到他们，轻轻地向路建平使了个眼色，路建平**心领神会**地跟了过去。

薛慕骅低声说："那两个人不像是刀伤，很可能是被化学品腐蚀灼伤的。"

路建平一惊："您确认吗？"

薛慕骅点点头："一般来说，刀伤的创口小，创缘整齐，而这两个人的手臂上虽然也有类似刀伤的创口，但更多的是呈现体表的局部灼伤，手臂上一大片都被烧得发黄乃至焦黑了。可他们说话**遮遮**

掩掩，吞吞吐吐，问题很大。我看可以报警。"

路建平点头："好，就交给我吧。"

薛慕骅看了看远处的两人，轻声说："我先去帮助那两个人处理伤口，稳住他们，你们赶紧通知警察来。"

路建平答应了，慢慢走回到申筝奕那里，轻声地在她耳边说了几句话，申筝奕点点头，装作闲逛的样子走了出去。

薛慕骅走到两人身边，问了一下他们目前的状况和感受，然后用药剂帮他们处理伤口，两个人顿感轻松。

等他们走出诊所门口，不由得大吃一惊，警车已经在那里恭候多时了。两人无路可逃，只好束手就擒。

申筝奕认出了带队的警官是妈妈的同事孙阳，就上前跟他打招呼。

孙阳看到是她，微笑着说："谢谢你们啊，奕奕，

帮我们抓住了这两个逃犯。"

申筝奕吃惊地说："他们是逃犯？"

孙阳说："是啊，我们已经盯他们好一阵了。这两个人一个姓刘，一个姓陈，是同乡。刘某是一个化工厂的仓库保管员，偷偷地把化工原料卖给专门收购化学工业品的陈某。陈某虽然知道这些化工原料来路不正，但为了贪图小便宜，还是以远低于市场价的价格进行收购。他们已经交易过好几次了，在昨晚再次偷运时，我们正准备实施抓捕，他们惊慌失措，结果硝酸不慎泄漏……"

申筝奕瞪大了眼睛："硝酸？是不是很厉害的酸啊？"

孙阳点点头："是的。硝酸是一种具有强**氧化性、腐蚀性**的强酸，也是一种重要的**化工原料**，可用于制造化肥、农药、炸药、染料等等。这两人都被硝酸灼伤，然后畏罪潜逃。警方刚刚发布通缉令，没想到就以最快的速度抓获了

他们。所以说，这次还真要感谢你们及时报警啊。"

申筝奕笑嘻嘻地说："这是我们作为公民应尽的义务嘛！对了孙叔叔，你们追查金店劫案的进度怎么样了？"

孙阳**佯装生气**地说："你也知道有保密条例，这是想让孙叔叔犯错误吗？"

申筝奕撒娇着说："哪儿能呢？孙叔叔，看在我们帮警方这么快就抓到化学品失窃案逃犯的分上，您透露一点点好不好，就一点点。"

孙阳**无奈**地摇摇头："你这孩子，真会跟我讨价还价。"

他想了想说："目前我们已经锁定了几组嫌疑人，其中有两个人嫌疑最大，不过我们现在还缺乏足够的证据，案发当天我们在现场也没有发现血迹、毛发之类的关键证据。"

申筝奕点点头："还有呢？"

孙阳**瞪**了她一下："丫头片子，这还不够啊。

行了，我先去忙了。"

申筝奕心满意足地向孙阳挥手："孙叔叔再见。"

关于破伤风疫苗

日常生活中，我们难免会受到外伤，在一些情况下可能得破伤风。破伤风是一种非常可怕的疾病，致死率20%～30%。据统计，全球每年有3万人多死于此病。如果出现以下5种情况，必须及时打破伤风疫苗（其他情况也要及时就医）：

1. 骨折并突破皮肤，有明显伤口且出血。

2. 出现含铁锈的伤口。

3. 伤口小，但刺伤深。

4. 有钉子或管子刺进伤口。

5. 由弹头或爆炸物引爆导致的人体损伤。

（此观点仅供参考）

重返现场 6

虽然帮助警方抓住了两个逃犯，但三人并不十分开心。毕竟，他们**念念不忘**的还是黄金劫案。

时间已经是中午了，路建平对申筝奕、尤勇齐说："一起吃饭吧，我请客。"

尤勇齐摆摆手，说道："不用你请，咱们平分就好，我先说好，肉得管饱啊。"

申筝奕笑着说："勇哥，你再吃不得成肉球啊！"

尤勇齐摇头晃脑地说："只要有肉吃，我胖成球也愿意啊。"

三人嘻嘻哈哈地走进了一家小饭馆。

服务员送上菜单，尤勇齐看着菜单图片上丰富的美食情不自禁地咽了咽口水，对路建平和申筝奕说："我们点个牛油火锅吃吧。"

路建平摇摇头："牛油火锅虽然鲜辣美味，令人胃口大开，但火锅底料里的食品添加剂也比较多。"

尤勇齐问道："什么是食品添加剂？"

路建平说："食品添加剂，是指为改善食品品质和色、香、味，以及为防腐和加工工艺的需要而加入食品中的化学合成或天然物质。我妈妈说火锅底料的食品添加剂很多，什么增稠剂、增鲜剂、甜味剂、色素、亚硝酸盐、抗氧化剂等等，不宜多吃。"

尤勇齐无奈地摇摇头："这个剂那个剂，听起来就让人头大，好吧，我们点几个简单的炒菜吃吧。"

三人说说笑笑，根据各自喜好点了菜。在等菜的时候，尤勇齐无聊地用手机看起电影来。

申筝奕问他在看什么片子。尤勇齐回答："一部老片，叫《重返地球》。"

路建平也问他："这片讲啥的？"

尤勇齐说："讲了在地球严重毁灭、人类被迫移居他星1000年后，一对父子俩重返地球意外坠落，开启一系列冒险的故事……"

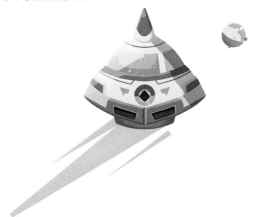

路建平突然**止住**他："等等，重返地球，重返时光，重返，重返……"他激动地念念有词。

申筝奕和尤勇齐不解地望着他："怎么了？"

路建平**一拍桌子**："我们一直在外面**兜兜转转**，却没有想过重返现场去寻求线索。我们应该回

去看看，或许能找到一些新发现！"

尤勇齐兴奋地说："那还等什么？我们快去吧！"

申筝奕笑着说："急什么，吃完饭再走。否则你一会儿又喊饿，可没人给你买吃的。"

仿佛在隧道中发现了亮光，三人急匆匆地吃完午餐，就赶往金店。

经历了劫案的金店在闭店整顿后已经重新开张营业，不过店里依然是冷冷清清，没有什么人。让三人感到欣喜的是，当初那个当班的女售货员还在。

"阿姨您好，您还认识我吗？"申筝奕热情地向她打招呼。

女售货员不禁有些惊奇："你不是前几天想买项链的小妹妹吗？你是刑警队华队长的女儿吧？"

"您怎么知道我是她的女儿？"申筝奕问。

"哈哈，我听到你和华队长说的话了。这次来做什么呀？"女售货员笑着说。

申筝奕故作神秘地说："其实，我是来帮我妈

妈破案的，这次过来看看有没有什么新线索。"

女售货员向她竖起了大拇指："不愧是咱们刑警队长的女儿，将门虎女啊！——不过，我恐怕没有什么新东西要跟你们讲的了。"

路建平看到她的胸牌上写着"刘丽丽"，于是问她："刘阿姨——"

刘丽丽**不悦**地说："叫姐姐。"

路建平**不好意思地挠挠头**："姐姐，您对那两个劫匪还有什么印象吗？您看清他们的长相了吗？如果他们现在不戴头套出现在您面前，您能认出他们来吗？"

刘丽丽使劲想了想，**颓然**道："恐怕不行，当时我被他们用刀指着，害怕得不得了，也不敢看他们，何况他们还蒙着面了。所以我真的认不出他们。"

路建平点点头，接着问道："您还能回忆起有哪些不一样的地方吗？或者说，感觉奇怪的地方？"

刘丽丽偏着脑袋**苦苦回忆**："奇怪的地方？

好像也没有啊。他们在店里停留了前后不到5分钟，除了抢劫，没有什么让我感觉很奇怪的地方。"

路建平他们又到处观察了一下店里。尤勇齐是第一次来这个店，对各种黄金饰品也产生了好奇。

他看到了一个金手镯，对刘丽丽说："我妈也有一个**一模一样**的金手镯，但颜色不太一样，我妈妈那个有点黑。"

刘丽丽笑着说："颜色不一样很正常，金手镯戴久了会因为接触人体与汗液导致变色。不过没关系，有空你可以带妈妈过来，我用洗金水帮她处理一下手镯，保证**亮丽如新**。"

尤勇齐高兴地说："太好了，谢谢您，姐姐！"

三人转了半天，还是没发现什么有异样的地方。

路建平叹了口气："还是没什么发现，看来只能先打道回府了。"

他们正要走出店门，刘丽丽突然想起了什么，赶紧叫住了他们："等会！"

三人回头赶紧走过去，刘丽丽说："你们不是问我有没有什么感觉奇怪的地方吗？我想起来了，确实有个地方有点奇怪！"

路建平大喜："什么地方？"

刘丽丽说："刚才那个小弟弟说的'颜色不一样'提醒到我了，就是那天那两个劫匪互相打起来用刀划出了血，但我当时就觉得他们流的血有点奇怪，颜色不太一样，不过当时我太慌了，根本没想起这个细节，跟警察也没有说过。现在回想起来，我记得那个血液的红色有点奇怪，颜色太亮，有点不像人的血。"

路建平默默重复她说的"不像人的血"，陷入了沉思。

突然，他眼前一亮，大喊："我明白了，彻

底明白了！"

路建平转向申筝奕，急切地说："你能否马上给华姨打电话，问一下现在的嫌疑人中，有没有两个人是胳膊上光滑，没有刀痕也没有血的！"

申筝奕马上拿起手机给华沐兰打电话，过了一会儿，她抬头激动地对路建平说："我妈说有！"

路建平兴奋地一挥手，喊道："走！警察署！"

三个少年大喊着快速冲了出去。

刘丽丽望着他们呼啸而去的背影，不由得啧啧称羡："现在的年轻人啊，真勇敢。"

谜题

⑤ 路建平为什么听到刘丽丽说"不像人的血"后兴奋不已？

⑥ 细毛他们流出来的真的是血吗？

真相大白 7

H市警察署拘留所里，被拘留的焦安志正一个人踱步。

现在是放风时间，他有时间静下来思考一下如何应付警方的讯问。

他丝毫没觉得担心和害怕，甚至有种玩猫和老鼠游戏的喜悦。作为一个惯犯，他对警察署已经相当熟悉，也了解警方讯问的套路和话术。他之前犯的事都是些鸡鸣狗盗的小案子，往往就是几个月的拘役而已。这次，他有足够的把握让警方再次对他无可奈何。

"这次嘛，顶多不过就是在这里再睡个十天半个月而已。"他轻蔑地一笑，想起了自己的同伙苏易。"那家伙，更是个老奸巨猾的老油条，愣是没事。"

这时，有警察过来带他去审讯室。他一脸淡定地跟着去了。

负责审讯的警察孙阳给他播了一段视频。画面上正是前不久金店抢劫案的监控录像。监控忠实记录了两个劫匪闯进金店，逼迫店员装黄金，劫匪间突然大打出手，仓皇逃离的全过程。

孙阳问他："这个画面熟悉吗？"

焦安志笑了笑："我又没见过这两个人，有什么熟悉的。只是觉得这两个人好傻，明明去抢劫居然还会互相打起来，我真没见过这么笨的劫匪，哈哈哈哈。"

孙阳笑了笑："傻吗？笨吗？恐怕未必哦。在谋划黄金劫案这个事情上，我看你和那个苏易精明得很。"

焦安志**装出一副无辜的样子**，瞪大眼睛说：“怎么，警官，你怀疑我跟这件事有关系啊，开什么玩笑，我以前顶多扒个钱包偷个手机的，抢劫金店这种事情我是想都不敢想的，更不要说做了。您说，我这么一个**胆小如鼠**的人，怎么可能会去谋划抢黄金呢？”

孙阳冷笑道：“**胆小如鼠**？我看你是**胆大包天**！现在老实交代的话，还可以争取宽大处理。否则，等待你的只有**严厉**的审判和惩罚！”

焦安志连忙**大呼冤枉**：“警官，我可是无辜的。你在监控里也看到了，这两个劫匪互相斗殴，都打出血来了。你再看看我，”焦安志一把撸起自己的袖子，高高举起双臂，“你看我的手臂上一点伤痕都没有，别说刀伤了，就连蚊子叮咬的痕迹都没有啊。”

孙阳冷笑连连：“你是好人？看来你真是**不见棺材不掉泪**啊。好吧，我来请个人和你对质吧。”

孙阳打开一个电视，画面上出现了两个人，在

略带嘲讽地看着焦安志。焦安志认出其中一个不怒自威的中年女警官正是本市警察署刑警队长华沐兰，她旁边坐着一个十多岁的少年，只见他戴着口罩，正**目光炯炯**地看着他。

那个少年通过视频连线望着他，笑嘻嘻地说："你好啊，焦安志先生，哦，不，是不是叫你细毛更合适？"

焦安志**内心仿佛受了一记重锤**，表面却**不动声色**。他平静地说："你这个小孩胡说什么，我不是你说的细毛。"

少年毫不在意地笑了笑："为了找你，这段时间我们一直在**苦苦奔波**，我也是今天才知道，你也是淡屿村人，和真正的细毛，也就是赵有才，是从小玩到大的发小儿！"

焦安志没有说话，但是汗珠慢慢从他的脑门上渗出来。

少年叹了口气："我也没有想到，你盗用他的名字，盗用他的家庭，还利用了他的善良淳朴。"

焦安志面无表情地说："你搞错了，我根本不认识什么赵有才，简直是**胡说八道**。"

少年笑了笑："焦先生，你的演技很高明，真的骗过了很多人，包括我在内。不过你玩的那套把戏，现在我也会哦，怎么样，我也表演给你看一下。"

焦安志鼻子冷哼一声，并不说话。

少年从旁边的桌子上拿起了一把尺子，在自己的手臂上划了一下，顿时，"鲜血"流了出来。

他转向屏幕，微笑着说："焦先生，你上次在

金店没有表演完全套,我替你表演完吧。"他取出一张纸,然后贴在手臂上,过了一会,轻轻一撕,手臂上的"鲜血"神奇地消失了。

焦安志的双手开始微微颤抖。

路建平神情变得严肃起来:"我想这个东西你应该很熟悉,因为你们在抢劫金店之前,先在胳膊上抹上了它——酚酞!"

焦安志眼神一暗,喃喃地重复着:"酚酞……"

路建平**目不转睛**地望着他,接着说:"**酚酞**是一种**化学试剂**,也是一种**有机化合物**,常被用作酸碱指示剂。你们在刀口上喷上碱水,利用的就是酚酞遇到碱会变成红色的化学原理。你们在**众目睽睽**之下开始演戏,上演一出互殴的苦肉计,让在场的所有人都以为两个劫匪已经流血受伤。你们逃走后在一个隐秘的地方用事先浸过白醋的纸抹在胳膊上,酸碱中和反应让红色消失,这样你们的胳膊就**完好如初**,一点儿刀痕都没有

了。我刚才模仿的就是你们曾经做过的事情。你们之所以**处心积虑**地变戏法，就是想干扰警方的判断，企图**瞒天过海**，然后**逃之夭夭**。但是你们忘了，试剂就是试剂，再怎么模仿也不是真的血。假的真不了，你们演得再怎么逼真，也会露出马脚，现出原形！"

焦安志突然站起来激动地大喊："不！绝对不是我，你这都是瞎编，你们没有证据！"

华沐兰冷笑了一声，拿起一个袋子，厉声说："这是从你的住所里搜到的，里面有酚酞试剂，有碱水，有白醋，还有你们拍摄的金店的各种照片！面对这些铁一般的证据，你还想抵赖吗？"

焦安志冷汗直流，**面如死灰**，颓然地坐了下去，内心痛苦地想：完了，自己和苏易精心设计，事先演练过无数次。为了扰乱警方，他们还**想方设法**确保不会在现场遗留下一丝"血迹"，只想给警方摆个"迷魂阵"。自以为这是**万无一失**的妙计，

没想到今天居然栽在一个小孩手里……

过了一会，他们用同样的办法审讯苏易（天哥），他也崩溃了，垂头丧气地对抢劫金店的罪行供认不讳。

很快，H市各大新闻媒体都在醒目的地方报道了"金店劫案"。强调了在热心市民的帮助下，警方**雷霆出击**，以最快的速度抓住了犯罪嫌疑人，追回经济损失，还给H市人民一片安宁。

抢劫案告破

奶茶店里，申笋奕呷了一口柠檬水，说："过两天我们再去看阿秋婆吧，带些好吃的，还有我们能扛得动的生活用品，帮她把家里再清理一下。"

　　尤勇齐点了点头，望着路建平感慨地说："你太厉害了，就算我知道他们弄的是假血，也不知道他们是用什么方法弄出来的啊。还是咱们的化学家牛啊，就一个字，服！"他朝路建平竖起了大拇指。

　　路建平笑了笑说："也没什么了，要不是你提到的'颜色不一样'这几个字启发了售货员小姐姐，我们现在估计还在云里雾里地绕着打转呢，哪能这么快帮助警方破案，所以你才是头功。"

　　见两人在这彼此吹捧，申筝奕忍不住笑了："头功是我好不好，要不是我要去买金项链，就不会经历金店劫案，也就不会有你们在这里互相拍马屁。"

　　路建平和尤勇齐故作恍然大悟状："哦，原来首席功臣是我们的申筝奕姑娘。"

　　三人哈哈大笑，声音传到街区之外很远很远的地方。

你了解实时音视频吗？

实时音视频是一种能在设备端实时传输音视频多媒体数据，让用户实时进行音频和视频会话的技术。

随着移动网络速度越来越快、质量越来越好，实时音视频技术已经在各种应用场景下全面开花，可用于语音电台、视频聊天、在线会议等场景。如果用一句话来总结实时音视频对我们生活的影响，那就是可以让我能更清晰地看到远方的"你"，你也能更真切地感受到屏幕对面的"我"。

若干天后……

旭日东升。太阳照耀的海水被染成一片金红。

赵有才驾驶着渔船在海上作业，他的胳膊上已经去除绷带，看上去好很多了。

这时，船上的广播正在播报本市新闻："轰动一时的我市某金店抢劫案成功告破。犯罪嫌疑人苏某、焦某志落入法网……焦某志系 H 市淡屿村人……"

赵有才一怔：焦某志，淡屿村，那不就是自己的发小儿焦安志吗？他，又进去了？

他长叹一口气，遥望着大海，仿佛又回到了多年前，在父辈们的带领下，他和焦安志一起快快乐乐下海嬉戏的时光。

他想起前不久，焦安志突然找上门来，说要做一笔大生意，如果成功了后半辈子就不用愁了，问他愿不愿意一起干，他就感觉不是什么好事，断然拒绝了。

他心想：这个所谓的大生意，原来是抢黄金啊。这样的钱来路不正，就算到手花起来也不会心安理得，还是老老实实做事，下海打我的鱼，回家赡养老娘，踏踏实实过日子就好。

想着想着，赵有才继续驾船向大海深处驶去。

浪花点点，映照着万里霞光。

解谜时刻

① **细毛是一个为摆脱贫困铤而走险的劫匪吗？**

真的细毛是一个淳朴、正直、孝顺的渔民，但被坏人利用了身份。

② **路建平认为哪里不对劲？**

路建平看到血的颜色很刺目，但是没在意。

③ **赵有才手臂上为什么有刀伤？**

其实是海鱼导致的划伤，不是刀伤。

④ **赵有才为什么不让别人看自己的伤口？**

他怕被别人笑话捕鱼高手太得意，被鱼划伤。

⑤ **路建平为什么听到刘丽丽说"不像人的血"后兴奋不已？**

因为他明白了劫匪互殴并没有真流血，而是在演戏，企图混淆视听。

⑥ **细毛他们流出来的真的是血吗？**

不是，是他们利用酚酞制造出来的假血。

图书在版编目（CIP）数据

化学侦探王．智破黄金劫案 / 吴殿更著．-- 长沙：
湖南教育出版社，2023.11（2024.3 重印）
ISBN 978-7-5539-9875-6

Ⅰ．①化… Ⅱ．①吴… Ⅲ．①化学－青少年读物
Ⅳ．① O6-49

中国国家版本馆 CIP 数据核字（2023）第 213332 号

化学侦探王·智破黄金劫案
HUAXUE ZHENTAN WANG · ZHIPO HUANGJIN JIE'AN
吴殿史　著

总　策　划：石叶文化
策划组稿：胡旺　殷哲
出版统筹：朱微　谢贶颖
封面设计：曹柏光
特约编辑：卫世敏　杨帅
责任编辑：龚郁
责任校对：崔俊辉
出版发行：湖南教育出版社（长沙市韶山北路 443 号）
网　　　址：www.hneph.com
微　信　号：湖南教育出版社
电子邮箱：hnjycbs@sina.com
客服电话：0731-85486979
经　　　销：全国新华书店
印　　　刷：唐山富达印务有限公司
开　　　本：880 mm×1230 mm　32 开
印　　　张：27.50
字　　　数：400 000
版　　　次：2023 年 11 月第 1 版
印　　　次：2024 年 3 月第 2 次印刷
书　　　号：ISBN 978-7-5539-9875-6
定　　　价：198 元（全 10 册）

如有质量问题，影响阅读，请与承印厂联系调换。